献给我的母亲，
当我还是孩子时，就从她那里
知道了许多植物和动物的名称，
还有关于它们的事情。

Title of the original edition:
Author: Irmgard Lucht
Title: Die Wiesen-Uhr. Das Jahr der Wiese
Copyright © Verlag Heinrich Ellermann GmbH, Hamburg
Chinese language edition arranged through HERCULES Business & Culture
GmbH, Germany

合同登记号 图字：10-2011-121号

图书在版编目（CIP）数据

草地时钟 /（德）英姆迦德·鲁特著；林琮译. --
南京：江苏凤凰少年儿童出版社，2022.8
（四季时钟. 第一辑）
ISBN 978-7-5584-2886-9

Ⅰ.①草… Ⅱ.①英… ②林… Ⅲ.①草地－儿童读
物 Ⅳ.①S812.3-49

中国版本图书馆CIP数据核字(2022)第149398号

四季时钟·第一辑

草地时钟
CAODI SHIZHONG

[德]英姆迦德·鲁特 著　林琮 译
策　　划　敖 德
责任编辑　刘宗源　张婷芳
助理编辑　毛梦云
特约编辑　刘娜微
美术编辑　邱晓俐　马语默
责任校对　徐 玮
特约审读　李雪竹
出版发行　江苏凤凰少年儿童出版社
地　　址　南京市湖南路 1 号 A 楼，邮编：210009
印　　刷　广州市中天彩色印刷有限公司
开　　本　787 毫米 ×1092 毫米　1/12
印　　张　3
版　　次　2022 年 8 月第 1 版
印　　次　2025 年 3 月第 10 次印刷
书　　号　ISBN 978-7-5584-2886-9
定　　价　22.50 元

（如有印装质量问题，请与承印厂联系调换）

四季时钟
·第一辑·

草地时钟

[德] 英姆迦德·鲁特 著　林琮 译

江苏凤凰少年儿童出版社

什么是草地

夏天的草地绿油油的，散发着清新的气息。如果你趴下来仔细观察，会发现这是一个充满惊喜的小世界。这里的每棵草长得各不相同。它们有的又高又挺拔，有的紧紧贴在地面上，叶子有的是锯齿状，有的是柔软的羽毛状，有的是心形。一个叶柄上长出一片叶子的结构叫作单叶，长出一串叶子的，称为复叶。在这些草中间开满了小小的花朵，草间不时有小动物飞过、爬过。这里真像是一片缩小的森林呢！

草地就是各种草本植物生长在一起形成的生态群落。花草的样子千差万别，但它们每株都有相似的结构：根、茎、叶和花。根把植物固定在土壤中，并从土壤中吸取水分和养料。根里有细细的管道，就像我们的血管一样，把水分和养料运送给茎、叶和花。叶片上的小孔是空气进出的通道，帮助植物呼吸。叶子每天通过光合作用，把空气和水分转换成植物需要的养分。

植物的生长需要阳光、空气、水分和土壤。就像我们每个人的口味都不一样，植物对"食物"的要求也各不相同。苔藓生活在草丛下的地皮上，它们不需要太多的阳光，却需要更加潮湿的环境。雏菊和白三叶草长得

比苔藓高，它们喜欢多晒太阳。在一片草地上往往有很多种植物，大家一个挨一个地生长在一起，把小小的空间挤满了。一段时间之后，草地可能还会长出灌木和小树。所以草地需要定期地修剪或者放牧才能长出更多有用的植物。一些杂草虽然没什么用，但生命力非常强，比如白三叶草，就算频繁修剪，草地上仍然随处可见。

　　每一片草地各不相同，有的在山间，有的在平地；有的沐浴着明媚的阳光，有的地处阴暗的角落；有的靠近水源非常潮湿，有的常年干旱缺少水分；有的土壤松软肥沃，有的土质贫瘠板结。草地的条件不同，生长的植物也不同，这本书向你展示了一年四季草地的情形。

植物和动物的名称见第34页。

5

草地上的动物

如果带着放大镜来到草地，你会有很多惊喜的发现。草地就像一个微型"动物园"，有些动物太微小了，比字母"i"上的点还要小，我们没办法精确地描绘出来。

图中画出了一些比较大的动物。它们有的是草地的长期居民，有的只是偶尔路过。虽然动物们住得十分拥挤，但因为习性各不相同，所以大家相安无事地生活着。

如果我们把草地看成一座带地下室的公寓，那么在花丛间飞来飞去的蜜蜂、大黄蜂和蝴蝶就是活跃在"草地公寓"顶层的主要居民。

蚱蜢和毛毛虫吃叶子，它们是公寓中间一层的居民。许多蝴蝶妈妈会寻找幼虫爱吃的植物，把卵产在叶子上。卵孵化以后，毛毛虫就在叶子上美美地吃上了。植物为某种动物提供了食物和居所，这种植物就是这种动物的"宿主植物"。

① 凤蝶
② 夜蛾
③ 孔雀蛱蝶
④ 白粉蝶
⑤ 白粉蝶幼虫
⑥ 红裙斑蛾
⑦ 尺蠖（huò）蛾幼虫
⑧ 土蜂
⑨ 田百灵
⑩ 蜜蜂
⑪ 食蚜虻
⑫ 黄蜂
⑬ 草蛙
⑭ 鼹鼠
⑮ 蚊子
⑯ 瓢虫
⑰ 角椿象
⑱ 菊虎

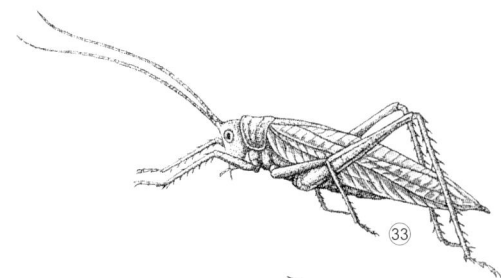

蜗牛经常在地面上觅食，它们是草地公寓"一楼"的居民。这一层还居住着青蛙，它们喜欢躲在阴暗潮湿的角落里。蚯蚓和鼹鼠则生活在"地下室"，也就是泥土里，这一层还有许多其他动物。

草地动物有的白天出来，有的晚上出来。你在一天、一年中不同的时间来到草地，总会有不一样的发现。不过，草地时钟并不像真的时钟那样精准，它有时快有时慢。因为植物的生长总会受到温度、降雨、地理位置的影响。如果这一年气候温暖，冬季很短，那么，第一朵野花就会早早地开放。如果冬天又寒冷又漫长，那么草地的春天就会姗姗来迟。

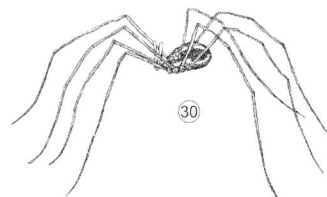

⑲ 蝼蛄　　　　　　㉕ 剪鼠　　　　　　㉛ 田园蚱蜢
⑳ 蚯蚓　　　　　　㉖ 蜗牛　　　　　　㉜ 田蟋蟀
㉑ 蠷螋（ qú sōu ）　㉗ 大蛞蝓（ kuò yú ）　㉝ 纺织娘
㉒ 蚂蚁　　　　　　㉘ 狼蛛
㉓ 田鼠　　　　　　㉙ 十字蛛
㉔ 掘墓人甲虫　　　㉚ 盲蛛

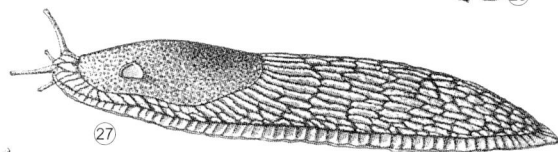

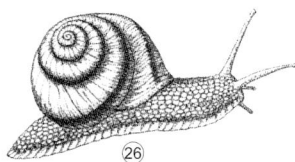

8

一月

　　一月的大自然一片寂静。大地被白雪覆盖，树木掉光了叶子，只剩下光秃秃的树枝。只有从雪中露出的草茎在风中摇摆着，告诉人们这里是一片草地。仔细观察你会发现，雪地上有一排清晰的脚印，还有棕色的小粪球到处滚落。这说明曾经有兔子跑出来觅食。

　　在这里的冬天，动物们非常难过，大地白茫茫一片，它们不仅找不到食物，也失去了藏身之所。从前，田野和草地中还有树篱、小灌木保护它们，可是随着人类活动越来越多，树木被砍掉了，遇到危险到哪里去藏身呢？几只鹧鸪缩在一起集体过冬。它们每天一起进食，一起睡觉，蜷缩在一起取暖，警觉地观察周围的情况，用这种方式度过寒冷的冬天。

野芝麻

春球茎花

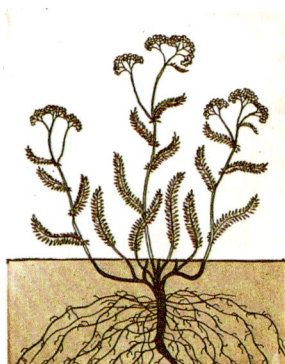

欧蓍草

报春花

蒲公英

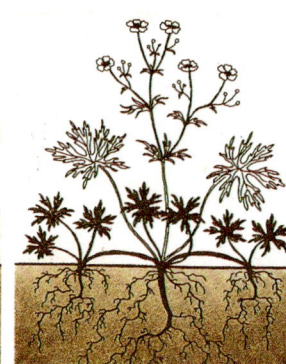

毛茛

二月

二月的天气虽然还带着冬天的气息，但春天已经不远了。你有没有发现，农田每年必须重新播种才会长出庄稼，可是草地不用播种也能返青，这是为什么呢？原来，

每株草地植物的身体只有一部分在秋天枯萎，而另一部分依然保持活力，只是进入了休眠，到了春天，这些部位就会长出新的植物。

上面图中深色的部位就是植物留下来过冬的部分。

婆婆纳

披针叶车前

白三叶草

欧蓍草

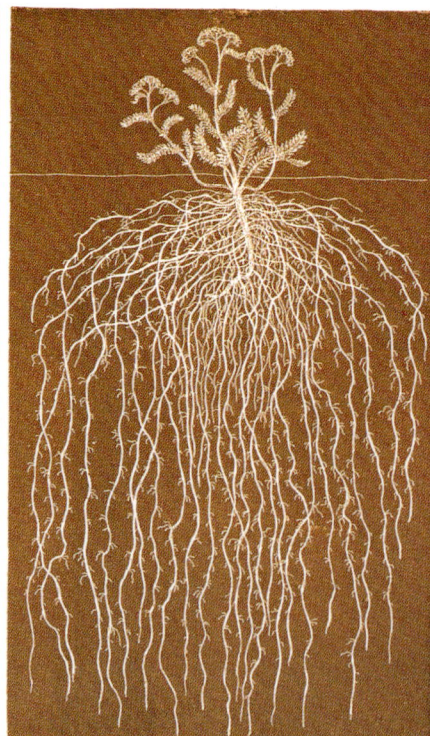

野芝麻的种子散落在草地上，春球茎花的块茎、欧蓍（shī）草和报春花的主根在地下休眠，而毛莨留下了小小的旁根。蒲公英除了根以外，还留下一部分叶子，所以在冬天的草地，我们也能偶尔看到它。

在左页下方的四张图中，我们可以看到不同植物根的不同形态。因为草地植物生长得十分拥挤，所以它们地下的根通常是互相缠绕，形成层层叠叠的网络。

在密密麻麻的根系中间，田鼠已经挖出了长长的通道。因为找不到食物，它们肚子饿了就会啃食植物的根。植物们可不喜欢它们这样！

小小的鼩鼱（qú jīng）不停地在地道里钻来钻去寻找食物，好像总是吃不饱。鼩鼱什么昆虫都吃，但最喜欢的还是蚯蚓。它会把捉来的蚯蚓放进小小的"粮仓"里慢慢享用。鼹鼠也喜欢吃蚯蚓，它的唾液会麻痹蚯蚓，让它们乖乖地待在洞里。鼹鼠长期生活在黑漆漆的地下，几乎不需要阳光。它的眼睛看不清东西，但是嗅觉和听觉都十分灵敏，一双宽大的前爪就像铁锹，挖出的洞穴四通八达，就像一座地下王国。每天它的生活都十分有规律，挖土、吃东西，然后沿着长长的通道散步，走累了就回到温暖的洞穴里，开始呼呼大睡。

植物和动物的名称见第34页。

凤头麦鸡

三月至四月

现在，白天渐渐变长，草地上开出了第一朵野花。春天来了！尽管天气还是很冷，可牧场上的绵羊穿着厚厚的"棉袄"，根本不在乎。

几个世纪以来，人们为了防范洪水，陆续在海岸建起了堤坝，并且种上牧草来固定泥土。植物的根互相交错，像是给大地罩上了防护网，不让涨潮的海水带走泥土。来吃草的绵羊又把地面踩得更坚实，于是大堤越来越坚固了。

三月里，凤头麦鸡从南方飞回来了，它"咕咕"的尖锐叫声划破了草地的寂静。等它找到了同伴，就要在这片草地建起巢穴。

草蛙⑥刚刚在池沼里举行完"婚礼"，雌蛙来到水中产下了许多卵。它会把卵留在水里，自己回到潮湿的草地上度过整个夏天。

蝴蝶也飞出来了，如果我们来到草地踏青，会遇到谁呢？是一只黄翅蝶①，还是一只荨麻蛱蝶②？黄蜂③和胖胖的土蜂④在草地上来回飞舞。它们都是雌蜂，正在寻找筑巢的洞穴，巢筑好后，它们就会钻进去产卵。

棕褐色的草地上已经出现了斑驳的绿色，小小的草本植物纷纷从土里探出了头。去年的枯草发出了新芽，抽出了嫩叶。报春花⑤、春球茎花⑦和榕莨⑧已经早早地开花。早春的草地渐渐热闹起来。很快，更多的草地植物都要开始生长，它们都想抢一个好位置，享受更多养分和阳光。

13

① ② ③ ④ ⑤ ⑥

四月至五月

⑦

四月的天气变幻无常，一下子热得像夏天，一下子又冷回了冬天。只有当白天的平均气温达到10℃的时候，绝大多数休眠的植物才会苏醒，土壤中的种子也才会破土而出。这时候小草生长得很快。我们不要去随便踩踏，让它们安心生长，草地马上就要变得绿油油了。

整个冬天都藏在土壤里的种子开始萌动。但它们是怎么来到这里的呢？蒲公英的花蕾①开放了，醒目的颜色、香甜的气味引来了蜜蜂。蜜蜂飞落在花瓣上，雄蕊上的花粉沾满了它毛茸茸的身体。等它再飞到另一朵花上时，它身上的花粉落到了这朵花的雌蕊上，花朵就完成了授粉。之后，

花朵逐渐凋谢，种子却在雌蕊中孕育。种子成熟的时候，就绽开成了絮状的绒球⑥。原来种子是来自花朵中的。现在，"小伞兵"们已经准备好乘风去旅行了。

许多动物也开始繁育后代。雌蝴蝶与雄蝴蝶交配⑦后，会把卵产在宿主植物上⑧。白粉蝶的卵⑨孵化了，小小的菜青虫⑨ᵃ胃口可不小，它们在叶子上大吃特吃，很快就长大了。成熟以后⑩，菜青虫不再吃东西，要找一个安全的地方结茧。它从嘴里吐出长长的细丝，把自己挂在一根结实的小树枝上，随后变成僵硬的蛹⑪。经过长长的沉睡，醒来后它就长出了翅膀，变成了蝴蝶⑫。

百灵鸟的爸爸妈妈非常细心，它们会在

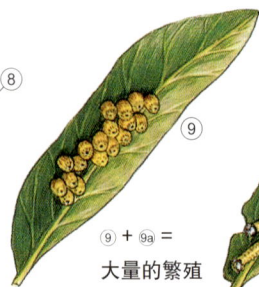

⑧

⑨ ⑨ᵃ

⑨ + ⑨ᵃ =
大量的繁殖

白粉蝶从卵进化到成虫的过程

⑩ ⑪ ⑫

安全的土地上筑起巢穴，小心翼翼地孵化自己的蛋。两星期以后小鸟出壳，爸爸妈妈还要捕捉昆虫喂它们，一直喂到小鸟长大，可以独立生活。

　　壁蜂也是一个好妈妈。它在石壁或土层的缝隙中筑巢，巢穴中有很多小小的洞口。雌蜂先钻进一个小洞，在里面留下一些花粉或花蜜做成的"蜂粮"，再切一小片叶子，把卵产在上面，然后用泥土封住洞口。这样它的每个孩子都有封闭的"房间"，而且一出生就有充足的食物。

　　狼蛛更是有趣，喜欢把孩子带在身边。它把卵产在一个丝囊里，走到哪儿带到哪儿，等小蜘蛛出生后，它就把孩子们背在背上。

植物和动物的名称见第 34 页。

15

田蟋蟀

五月

　　五月的牧场到处是绿油油的青草与彩色的野花。牛儿悠闲地嚼着牧草，云雀不知疲倦地鸣唱。燕子在草地上方掠过，矫捷的身姿在天空中划出优美的弧线。其实它是在追逐飞着的昆虫，好为它的孩子带去晚餐。蟋蟀躲藏在牧草下面，入夜后，雄蟋蟀就要开始一场大合唱了。

　　这里的牧草是专门用来喂养牲畜的。图中这片蒲公英很快会被人们收割，作为新鲜饲料送到棚里喂养其他牲畜。吃不了的青草就被压实放进料槽，或者制成干草贮藏起来。

　　在安静的清晨和黄昏，可能会有小鹿和野兔偷偷跑到牧场上来找吃的，幸运的话，你还能看见野兔妈妈把兔宝宝也带出来了，它们小小的身影可爱极了。

　　五月的牧场时时都在上演"换装秀"。蒲公英黄色的花朵很快会枯萎，种子成熟时，就变成了毛茸茸的灰白色。随后，小小的毛茛也开花了，将草地再次染成黄色。而当草地亮叶芹大片开花时，草地又会洁白一片。

五月至六月

现在，草地已经铺上了五彩的花毯。很多植物竞相开花了，它们是滨菊①、酸模②、筋骨草③、毛茛④、剪秋罗⑤、夏枯草⑥、草地风铃花⑦、猪殃殃⑧、野豌豆⑨、野芝麻⑩、雏菊⑪、红三叶草⑫、斗篷草⑬、圆叶风铃草⑭、角苜蓿⑮、小米草⑯、草地鼠尾草⑰、草地婆罗门参⑱、草地亮叶芹⑲、山萝卜⑳、拳参㉑和白三叶草㉒。

这些花就像它们的名字，各有各的美丽。花朵开得五颜六色，是为了在绿色的草丛中脱颖而出，让昆虫一下子发现它们。没有昆虫的授粉，许多植物就无法繁殖；而如果没有了花粉和花蜜，蜜蜂这类昆虫也失去了食物来源。花与昆虫相互依存，它们是大自然送给彼此最好

的礼物。蝴蝶和大黄蜂专门寻找剪秋罗和红三叶草，因为这些花的花冠又大又深，只有它们长长的口器能吸得到里面香甜的花蜜。

以前一到夏天，牧场上会开满各种野花。可是现在，农民为了获得牧草开始过度施肥，某几种植物长得又高又壮，其他开花植物的种类却变少了，草地也失去了缤纷的色彩。

图中的昆虫是：

㉓ 蓝小灰蝶　　㉗ 瓢虫
㉔ 黑斑红小灰蝶　㉘ 土蜂
㉕ 角椿象　　　㉙ 叶蜂
㉖ 蜜蜂　　　　㉚ 六星灯蛾

六月

一年的时间已经过半，6月21日（或22日），夏天到了。树木伸展着长长的枝条，草丛中开放着杂色的野花。整个草地被阳光罩上了一层薄薄的金棕色。

很多草本植物的花朵太小了，昆虫容易忽略它们。但是没关系，还有其他助手帮它们授粉，那就是风！在晴朗又干燥的天气里，花朵努力张开小小的花瓣，只需要一阵微风，雄蕊上像尘埃一样轻的花粉就会飞到空中，等它落到同类植物的雌蕊上，授粉就完成了。

草本植物被称为"世界上最重要的植物"。你一定非常吃惊吧。这些不起眼的小草为什么那么重要呢？这是因为人类的重要食物——粮食、肉、奶制品，几乎都从草地而来。谷类作物都属于草本植物的大家族。它们是人类精心挑选、培育的品种。其中的小麦就是做面包的主要原料。同时，草本植物喂养了牲畜，牲畜又产出了肉、奶和黄油。没有草地，人类就没有这些食物。

四种谷类：
① 黑麦 ② 大麦 ③ 小麦 ④ 燕麦

六月，第一批牧草可以收割了。这一天农民们非常忙碌，他们早早地起来，趁露水还没有干，用收割机把谷草割下来，铺散在地上晾晒，还要不时翻动，让它们变成芬芳的干草。晾干之后就要趁着天亮打成长长的捆。一定要等牧草完全干燥之后，才可以收到谷仓中储藏起来，因为潮湿的谷草很容易发霉和腐烂。

天气晴朗时，谷草很快就会晾干。可是如果遇到雷雨天，农民就要和时间赛跑了。本来还在远处的乌云，一下子就会涌到头顶上。谷草能及时运回谷仓吗？

使用现代化机械以后，农民们节省了很多时间和力气，但小动物们可就危险了。小鹿、小野兔和鹧鸪看到庞大的收割机轰隆隆地开来，吓得趴在草间一动不动，以为这样"怪物"就看不见它了。但这样很容易被机器误伤。所以，许多农民会在收割机开动前，先把小动物从地里赶走，这样它们就安全了。

七月

　　刚刚收割过的草场看上去光秃秃的，只剩下植物的茎秆。但是很快，这里就会重新铺满绿色，这是为什么呢？因为收割机的刀刃只是剪去了地面上的叶子和花，而植物的根没有受伤，还好好地藏在土壤里。只要有充足的阳光和雨水，草地上的植物很快就会生长起来，不久后这里又会开满五颜六色的花朵，可能比以前更美呢。

　　草地植物的花朵和叶子都非常漂亮，采集一些带回家，制作一本属于你自己的"植物标本集"吧。挑选细小的植物，茎不要太粗。把它们分别夹在旧报纸之间，上面压上一本厚厚的书。几天以后，植物完全干燥了，你就可以把它们轻轻地取下来，粘在一本小册子里，在下面写上植物的名字。收集的植物越多，你的标本集就越丰富。

　　七月里，很多以前你没见过的花也开了，比如右边图中的野胡萝卜。它和我们吃的胡萝卜是"近亲"，叶子形状十分相似，也有粗壮的根，能够伸到地下很深的地方吸收水分。

　　草地上有许多有着白色伞状花序①的植物，很容易和野胡萝卜花弄混，你只要记住，野胡萝卜在每簇花组成的"小伞"正中，有一个紫红色的心，这样就不会搞错啦。它还有很特别的星星形状的花蕾②和果实③。枯萎了的花朵抱在一起，好像一个鸟巢。

　　草地上的动物和植物们是如何相处的呢？我们现在就来看一下。一只苍蝇④和一只美丽的凤蝶⑤落到花瓣上采食花粉。蚜虫⑥和它的幼

虫专门吸吮植物茎秆中的汁液。沫蝉的幼虫们藏在一个自己身体分泌的泡沫做成的巢里⑦，当地人形象地把这种巢穴称为"布谷鸟的唾沫"。蚱蜢⑧、毛虫、蜗牛⑨这些动物喜欢吃植物的叶子。而野胡萝卜是凤蝶幼虫⑩的宿主植物。生活在地下的蝼蛄⑪会啃食植物的根，蚯蚓⑫主要食物是泥土。植物死后腐烂的根、茎、叶变成了土壤中的腐殖质，蚯蚓就从腐殖质中吸收养分。

你一定会问，那么多昆虫一起来吃，植物会不会很快就被啃光呢？别担心，每个物种都有它惧怕的天敌，所以它们不会繁殖得太快。瓢虫⑬和它的幼虫⑭就专门捕捉蚜虫，一只瓢虫一生中要消灭上千只蚜虫。黑红色的狼蜂⑮在植物的伞状花序上捕食小昆虫。一些雌蜂⑯将卵产在蝴蝶幼虫的体内，狼蜂幼虫孵化出来以后，就开始吃毛毛虫了。我们把这种在其他动物体内"寄宿"的动物，叫作寄生者。

蚂蚁⑰和蚜虫的关系非常有趣。蚜虫会分泌出一种甜甜的液体，叫作蜜露。蚂蚁最喜欢吃蜜露了。为了吃到更多，它们经常会用触角拍打蚜虫的背部，刺激它分泌更多蜜露。这时，蚂蚁仿佛变成了牧民，在帮他的"奶牛"——蚜虫"挤奶"呢！

23

八月

夏天就要过去了。夜幕降临，草地上弥散着花香，纺织娘在轻轻地歌唱。这个时候，你通常已经睡着了，不知道田野里发生的事。今天就让我们来一次"夜游"，去发现草地里的小秘密。

那些白天躲起来睡觉的小动物这时开始活动了。第一个出来的是刺猬，它一边爬过茂密的植物，一边用灵敏的鼻子四处嗅着，寻找蜗牛、青蛙、小虫这些能吃的东西。草蛙在草丛中潜伏着，等着钻出地面的蚯蚓。田鼠不吃虫子，它们更喜欢植物的种子和果实。仔细观察，你还能在右边的图里发现蝴蝶、小尺蠖蛾幼虫、田园蚱蜢、棕色的角椿象和螳螂这些小动物。

牧场上的草长高了，又有一些花朵陆续开放，有张着大伞的熊蒜、紫色的草地风铃花，还有白色的欧蓍草。到了八月中旬牧草长高以后，草地又可以收割了。

植物和动物的名称见第 34 页。

24

九月

　　夏末的白天虽然还是很热，却已经明显变短了。9月22日（或23、24日）是秋天的开始。草地上的野花大都开败了，最后登场的是淡紫色的秋水仙。它又大又柔软的杯形花朵直接从球状鳞茎上开出，而绿叶要到来年五月才会和果实一起钻出土壤。虽然这种花朵开得美艳动人，但农民却并不怜惜，他们只要发现这种植物就会拍烂它的块茎，不让它再生。因为秋水仙整株都含有剧毒！

夏末，许多昆虫都开始产卵，之后就会死去。雌纺织娘将长长的输卵管插进泥土，它的卵会留在地下过冬。左图上方有一只大蚊也在产卵，它是一种双翅目昆虫，身体细长似蚊，但并不吸血。蟑螂妈妈不会在秋天死去，到了冬天，它会钻进地下的小洞，产下 20 至 40 个卵。

图中有一只死去的田鼠，它身上这种黑红色的甲虫被称为"掘墓人"。它们的生活方式非常独特，一旦发现死去的动物就会爬到尸体下面去挖掘，一直挖空下面的泥土，形成一个"墓穴"。雌虫会紧贴尸体产卵。幼虫孵化以后，尸体就成了它们的"口粮"。

地球上还有许多种小小的生物，都靠吃动物或植物的尸体为生。它们是用肉眼看不到的细菌和真菌。它们在大自然的循环中担负着重要的任务——把所有死去的生物都分解、转化，变成其他生命需要的营养物质。

打个比方：你用积木搭了一座房子。过了一会儿，你把房子拆了，又用这些积木搭出了一座花园或一座灯塔。构成生命的元素就好像这一粒粒积木。它被植物从土壤中吸收，又随着植物来到了动物和人的体内，就这样从一个生物传递到另一个生物，再从死去的生物回到土壤中。大自然生命的本质，就是这样一次次的物质循环。

九月的清晨，你会看到草地的许多植物上都挂着柔软的蜘蛛网，上面凝结的夜露在晨光中闪闪发亮。这些网是蜘蛛设下的陷阱，只要有飞过的昆虫被网粘住，八只脚的"猎人"就会爬过去抓住它们。十字蜘蛛会花好几个小时织一张漂亮的轮状网，织好后就在一个角落等着猎物"上钩"。它的触觉非常敏锐，就算再小的昆虫撞到网上，它也会马上察觉。

十字蜘蛛的轮状网

十月

　　十月的草地渐渐安静了下来。许多候鸟已经飞到了温暖的南方，凤头麦鸡也要飞走了。茶隼会留在这里过冬。这种猎鸟有一双锐利的眼睛，它在远远的高空就能看到地上的猎物。图中这只茶隼看到了草地上的老鼠，一个疾速俯冲就把它捉住了。

　　鼹鼠却不怕茶隼的袭击，因为它藏在深深的地下，只在地面上留下几个棕色的小土丘。秋冬两季，鼹鼠都会特别辛苦。为了能够安全地度过寒冷的冬天，它会把洞挖到草地下面约60厘米深的地方，那里有长长的通道和温暖的洞穴。这么大的"工程"自然会抛出大量的泥土。随着草地植物渐渐枯萎，这些鼹鼠丘也显露了出来。

　　现在，草地上只剩下稀疏的植物与零星的野花。草地的生长期结束了，变成了一片开阔的"操场"，快叫上你的好朋友来放风筝吧。

十一月

枯萎的植物和厚厚的落叶铺满了草地，这里再也看不到夏日里动物们的身影，它们都躲到哪里了呢？动物不同，这个问题的答案也不同。云雀会飞到更加温暖的地方。

大多数蝴蝶和甲虫都在秋天死去了。但它们的卵、幼虫或蛹都已被安置妥帖，此时正在地下或地上某处安全的"襁褓"中沉睡着。

草蛙离开了草地，来到附近的小河或池塘，钻进泥巴开始冬眠。不用担心它会窒息，它全身的皮肤都可以呼吸。

雌蜘蛛也将卵产在了泥土中。一只十字蜘蛛妈妈在它的黄色茧袋里产下了50-60只卵。

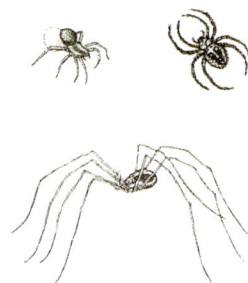

蜗牛缩回壳里不再露面，它已经用黏液形成的薄膜封住壳口，准备在里面睡上一整个冬天。

这时我们已经见不到成群的土蜂和黄蜂。蜂群中的雄蜂和工蜂全部死去了，只有蜂后躲藏在树皮或温暖的孔洞中，能够活过冬天。

田鼠已经做好了过冬的准备，它们收集了许多粮食，地下的小窝里也塞满了干草，只要互相依偎着取暖，就不怕冬天的寒冷了。

蝼蛄钻到了深深的泥土里躲避寒冷。田蟋蟀只留下了小小的幼虫。蚯蚓在土壤中蜷缩起来，进入了休眠。

那么刺猬呢？它早在茂密的树篱附近安顿下来，一边收集树叶和干草填满小窝，一边拼命地吃东西。过不了多久，它就会缩成一个刺球进入深深的冬眠，仅靠身上积累的脂肪维持最基本的生命活动。

瓢虫也不再活动了，它们抱在一起，打算一觉睡过寒冷的日子。黄翅蝶是一种能够在野外过冬的蝴蝶，它冬眠时会牢牢抱住一根树枝，全身僵硬，看起来就像一片黄色的叶子。

十二月

时间来到岁末，大地一片寂静，白雪覆盖了一切，万物都不再生长。下午很早的时候天就已经黑了。

此时最开心的事，就是待在明亮温暖的家中。快要到新年了！你想不想自己动手制作礼物？这时夏天收集和制作的草地植物标本就派上用场了。把这些花瓣、树叶简单粘贴，再写上需要的文字，一张新年贺卡就做好了。

另外，用植物来做拓印也非常漂亮。上面图片中蓝色的星星就是用野胡萝卜的花蕾拓印的。还有个更棒的主意，把这些植物标本，按照时间顺序粘贴或者拓印，形成十二个月的日历，一张"草地时钟"就展现在你面前。外面虽然白雪皑皑，但是你，却依然拥有美丽而热闹的，草地的四季！

本书中植物和动物的名称：

第4-5页

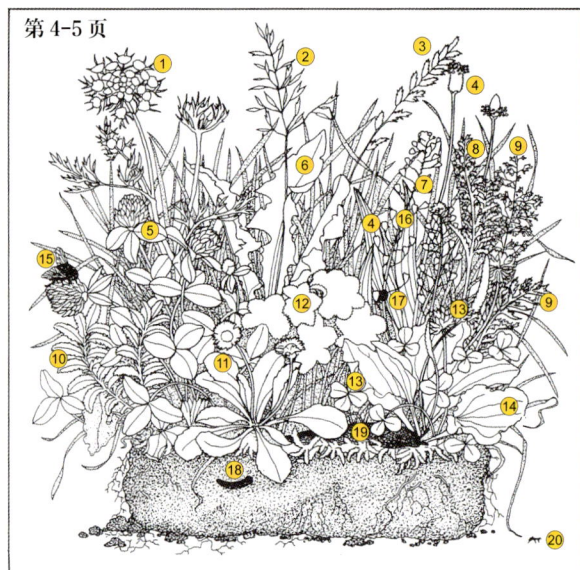

植物：
①野胡萝卜
②草地早熟禾
③英国黑麦草
④披针叶车前
⑤红三叶草
⑥蒲公英
⑦荠菜
⑧欧蓍草
⑨洋艾
⑩鹅绒委陵菜
⑪雏菊
⑫斗蓬草
⑬白三叶草
⑭大车前草

动物：
⑮土蜂
⑯蚜虫
⑰瓢虫
⑱蚯蚓
⑲大蛞蝓
⑳蚂蚁

第15页

植物：
①连钱草
②披针叶车前
③雏菊
④蒲公英
⑤石蚕状婆婆纳
⑥草地碎米荠

动物：
⑦壁蜂
⑧田百灵
⑨甲虫幼虫
⑩三只小田百灵
⑪孔雀蛱蝶
⑫狼蛛

植物：
①披针叶车前
②白三叶草
③熊蒜
④矢车菊
⑤欧蓍草
⑥蒲公英的果序
⑦酸模的果序
⑧猪殃殃
⑨红三叶草
⑩熊蒜的果序

动物：
⑪蓝小灰蝶
⑫蚱蜢
⑬刺猬
⑭葡萄蜗牛
⑮田鼠
⑯角椿象
⑰蠼螋
⑱纺织娘
⑲夜蛾
⑳尺蠖蛾
㉑尺蠖蛾毛虫
㉒草蛙

第11页

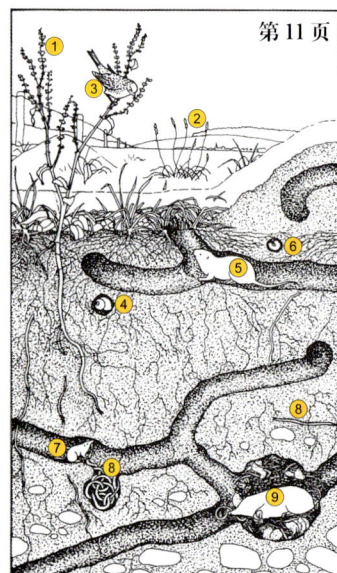

植物：
①酸模的果序
②披针叶车前的果序

动物：
③朱顶雀
④葡萄蜗牛
⑤剪鼠
⑥蛴螬（qí cáo）（金龟子的幼虫）
⑦鼩鼱
⑧蚯蚓
⑨鼹鼠

第24-25页

34